Ruby Jindal

Forças da natureza desencadeadas: Compreender as catástrofes naturais

Ruby Jindal

Forças da natureza desencadeadas: Compreender as catástrofes naturais

ScienciaScripts

Cover image: www.ingimage.com

This book is a translation from the original published under ISBN 978-620-7-80855-7.

Publisher:
Sciencia Scripts
is a trademark of
Dodo Books Indian Ocean Ltd. and OmniScriptum S.R.L publishing group

120 High Road, East Finchley, London, N2 9ED, United Kingdom
Str. Armeneasca 28/1, office 1, Chisinau MD-2012, Republic of Moldova, Europe
Printed at: see last page
ISBN: 978-620-7-99201-0

Índice

Prefácio

As catástrofes naturais foram sempre uma força poderosa que moldou o mundo em que vivemos. Desde a força imponente de uma erupção vulcânica até à vaga implacável de um furacão, estes fenómenos recordam-nos o poder absoluto e a imprevisibilidade do nosso planeta. "Forces of Nature Unleashed: Understanding Natural" investiga o mundo intrincado e fascinante destes fenómenos naturais, explorando a ciência por detrás da sua formação, o seu impacto na civilização humana e os avanços tecnológicos e de investigação que nos ajudam a compreender e a atenuar os seus efeitos.

Este livro foi concebido para oferecer uma visão abrangente de várias catástrofes naturais, incluindo terramotos, tsunamis, furacões, tornados, erupções vulcânicas, inundações e incêndios florestais. Cada capítulo apresenta uma análise aprofundada de uma catástrofe específica, discutindo as suas causas, a ciência por detrás da sua ocorrência, exemplos históricos e as mais recentes investigações e avanços tecnológicos destinados a prever e gerir estes acontecimentos.

À medida que o nosso clima global muda e a urbanização continua a expandir-se, a compreensão das catástrofes naturais torna-se cada vez mais crítica. Este livro tem como objetivo proporcionar aos leitores uma compreensão profunda destes poderosos acontecimentos naturais, combinando explicações científicas com exemplos do mundo real e histórias pessoais de sobrevivência e resiliência.

Por
Dr. Ruby Jindal
(Universidade K.R. Mangalam, Gurugram, Haryana, Índia)

Capítulo 1: Introdução às catástrofes naturais

Definição e classificação

As catástrofes naturais são acontecimentos extremos e súbitos causados por factores ambientais que resultam em danos significativos à propriedade, perda de vidas e perturbação das actividades humanas normais. Estas catástrofes podem ser classificadas em várias categorias com base nas suas causas subjacentes:

1. **Catástrofes geológicas**
   - **Terramotos:** Tremor súbito do solo causado pelo movimento das placas tectónicas.
   - **Tsunamis:** Grandes ondas marítimas geradas por terramotos submarinos ou erupções vulcânicas.
   - **Erupções vulcânicas:** Libertação explosiva de magma, cinzas e gases de um vulcão.
   - **Deslizamentos de terra:** Movimento descendente de rocha, terra ou detritos devido à gravidade.
2. **Catástrofes hidrológicas**
   - **Cheias:** Transbordamento de água para terras normalmente secas, frequentemente causado por chuvas fortes ou derretimento de neve.
   - **Cheias repentinas:** Inundação rápida de áreas baixas, normalmente devido a chuvas intensas.
   - **Secas:** Períodos prolongados de precipitação insuficiente que levam à escassez de água.
3. **Catástrofes meteorológicas**
   - **Furacões/Tufões/Ciclones:** Tempestades tropicais intensas com ventos fortes e chuva intensa.
   - **Tornados:** Colunas de ar em rotação violenta em contacto com o solo e uma trovoada.
   - **Nevões:** Tempestades de neve severas com ventos fortes e

baixa visibilidade.

- **Tempestades severas:** Inclui trovoadas, granizo e outros fenómenos meteorológicos extremos.

4. **Catástrofes biológicas**

   - **Epidemias e Pandemias:** Surtos de doenças infecciosas que afectam grandes populações.

A compreensão destas classificações ajuda a conceber estratégias adequadas de preparação, resposta e atenuação de catástrofes.

Perspectivas históricas

As catástrofes antigas e o seu impacto

As catástrofes naturais influenciaram profundamente a história da humanidade. As civilizações antigas atribuíam frequentemente estes acontecimentos à ira dos deuses ou a forças sobrenaturais. Por exemplo, a erupção do Monte Vesúvio em 79 d.C., que soterrou Pompeia e Herculano, foi vista como um castigo divino pelos romanos. Este acontecimento catastrófico preservou estas cidades sob camadas de cinzas, fornecendo aos arqueólogos modernos conhecimentos inestimáveis sobre a vida romana.

Do mesmo modo, pensa-se que a civilização minóica da ilha de Creta foi significativamente afetada pela erupção do vulcão Thera (Santorini) por volta de 1600 a.C.. Este acontecimento provocou enormes tsunamis e alterações climáticas, contribuindo para o declínio da civilização.

Catástrofes recentes e avanços tecnológicos

Na era moderna, as catástrofes naturais, como o tsunami de 2004 no Oceano Índico e o terramoto de 2010 no Haiti, tiveram impactos devastadores. O tsunami de 2004, desencadeado por um enorme terramoto submarino, causou mais de 230 000 mortes em vários países. Esta tragédia pôs em evidência a necessidade de melhorar os sistemas de alerta precoce e a cooperação internacional na resposta a catástrofes.

O terramoto de 2010 no Haiti, com uma magnitude de 7,0, causou uma destruição generalizada na capital, Port-au-Prince, e custou mais de 160 000 vidas. Esta catástrofe sublinhou a importância de infra-estruturas resilientes e de estratégias eficazes de resposta a emergências.

O papel da ciência e da tecnologia

Os avanços na ciência e na tecnologia melhoraram significativamente a nossa capacidade de compreender, prever e responder a catástrofes naturais. As principais ferramentas e técnicas tecnológicas incluem:

Sismologia

Os sismólogos estudam os terramotos e a propagação das ondas sísmicas através da Terra. Instrumentos como os sismógrafos registam a intensidade e a duração destas ondas, ajudando os cientistas a localizar os epicentros dos sismos e a determinar as suas magnitudes. O desenvolvimento da escala de Richter e da escala de Magnitude do Momento proporcionou medidas padronizadas para a intensidade dos terramotos.

Meteorologia

Os meteorologistas utilizam modelos avançados de previsão meteorológica, imagens de satélite e sistemas de radar para prever e monitorizar fenómenos meteorológicos graves. O radar Doppler, por exemplo, é crucial para detetar tornados e seguir os movimentos dos furacões. Os satélites meteorológicos fornecem dados em tempo real sobre padrões de nuvens, temperaturas da superfície do mar e condições atmosféricas, permitindo previsões precisas de tempestades.

Vulcanologia

Os vulcanólogos monitorizam a atividade vulcânica através de vários métodos, incluindo medições da deformação do solo, análise de emissões de gases e imagens térmicas. Ao estudar os precursores das erupções vulcânicas, tais como o aumento da atividade sísmica e das emissões de gases, os cientistas podem fornecer avisos precoces de potenciais erupções.

Hidrologia

Os hidrólogos analisam a dinâmica do ciclo da água, incluindo a precipitação, o caudal dos rios e os níveis das águas subterrâneas. Os modelos de previsão de cheias incorporam dados sobre a precipitação, o derretimento da neve e a saturação do solo para prever cheias e determinar o seu potencial impacto nas áreas afectadas.

Deteção remota

As tecnologias de deteção remota, incluindo imagens aéreas e de satélite, oferecem uma visão crítica das catástrofes naturais. Estas tecnologias permitem a monitorização de grandes áreas, fornecendo dados sobre alterações na utilização dos solos, desflorestação e padrões de urbanização que podem influenciar o risco de catástrofes.

Sistemas de alerta precoce

Os sistemas de alerta precoce são essenciais para atenuar o impacto das catástrofes naturais. Estes sistemas combinam dados de vários sensores e redes de monitorização para fornecer alertas atempados às populações vulneráveis. Por exemplo, os sistemas de alerta de tsunamis utilizam dados sísmicos para detetar terramotos submarinos e prever a potencial chegada de tsunamis, permitindo a evacuação das zonas costeiras.

Desafios e limitações

Apesar dos avanços significativos, a previsão de catástrofes naturais continua a ser um desafio inerente devido à natureza complexa e dinâmica dos sistemas da Terra. Alguns dos principais desafios incluem:

- **Incerteza:** Os processos naturais são influenciados por numerosas variáveis, o que dificulta a previsão de eventos específicos com elevada exatidão.
- **Lacunas de dados:** Em muitas regiões, especialmente nos países em desenvolvimento, há uma falta de redes de monitorização abrangentes e de disponibilidade de dados.
- **Início rápido:** Algumas catástrofes, como terramotos e inundações repentinas, ocorrem com pouco ou nenhum aviso, limitando o tempo disponível para evacuação e resposta.

A importância da preparação e da capacidade de resistência

Dada a imprevisibilidade das catástrofes naturais, a preparação e a resiliência são cruciais para minimizar o seu impacto. As principais estratégias incluem:

- **Educação da comunidade:** A educação das comunidades sobre os riscos de catástrofes e as medidas de preparação pode aumentar significativamente a sua capacidade de resposta efectiva.
- **Resiliência das infra-estruturas:** A conceção e construção de edifícios, estradas e outras infra-estruturas para resistir às catástrofes

naturais pode reduzir os danos e salvar vidas.

- **Planeamento de emergência:** O desenvolvimento e a atualização regular de planos de resposta a emergências garantem que as comunidades estão prontas a agir quando ocorrem catástrofes.
- **Seguros e planeamento financeiro:** As apólices de seguro e os mecanismos financeiros podem ajudar os indivíduos e as comunidades a recuperar mais rapidamente das perdas relacionadas com as catástrofes.

Conclusão

As catástrofes naturais são um lembrete constante das forças dinâmicas e poderosas que moldam o nosso planeta. Compreendendo a ciência por detrás destes acontecimentos e tirando partido dos avanços tecnológicos, podemos melhorar a nossa capacidade de prever, preparar e responder às catástrofes. "Nature's Fury: The Science of Natural Disasters" (A Fúria da Natureza: A Ciência das Catástrofes Naturais) explorará estes temas em maior pormenor, fornecendo informações sobre a complexa interação entre os processos naturais e a sociedade humana. Através desta exploração, o nosso objetivo é inspirar uma apreciação mais profunda do mundo natural e um empenho na construção de um futuro mais seguro e resistente.

Capítulo 2: Terramotos: O chão treme

Introdução aos sismos

Os sismos são um dos fenómenos naturais mais poderosos e destrutivos. Ocorrem quando a tensão acumulada ao longo de falhas geológicas ou pela atividade vulcânica é libertada sob a forma de ondas sísmicas. Estas ondas propagam-se através da crosta terrestre, fazendo tremer o solo e podendo provocar danos significativos e a perda de vidas.

Causas dos terramotos

A principal causa dos sismos é o movimento das placas tectónicas, as placas maciças de rocha que constituem a crosta terrestre. A litosfera da Terra está dividida em várias placas tectónicas que flutuam sobre a astenosfera semi-fluida. As interacções entre estas placas nas suas fronteiras podem dar origem a sismos. Existem três tipos principais de limites de placas:

1. **Limites divergentes:** As placas afastam-se umas das outras. Encontram-se tipicamente nas cristas médio-oceânicas, onde se forma nova crosta através do magma que sobe do manto.
2. **Limites convergentes:** As placas deslocam-se umas em direção às outras. Isto pode resultar no facto de uma placa ser forçada a passar por baixo de outra, num processo conhecido como subducção, o que conduz frequentemente a fortes terramotos e atividade vulcânica.
3. **Transformar os limites:** As placas deslizam horizontalmente umas sobre as outras. O atrito entre as placas impede-as de deslizarem suavemente e, quando a tensão é libertada, dá origem a um sismo.

Para além da atividade tectónica, os sismos também podem ser causados pela atividade vulcânica, uma vez que o movimento do magma pode exercer pressão sobre as rochas circundantes, conduzindo à atividade sísmica. As actividades humanas, como a exploração mineira, a sismicidade induzida por reservatórios de grandes barragens e a fracturação hidráulica (fracking), também podem induzir sismos.

A ciência da sismologia

Medição de sismos

Os sismos são medidos utilizando instrumentos denominados sismógrafos, que registam as vibrações do solo. Os dados recolhidos pelos sismógrafos são utilizados para determinar a localização, a profundidade e a magnitude de um sismo. A magnitude de um terramoto é uma medida da energia libertada e é normalmente comunicada através da escala de Richter ou da escala de magnitude do momento (Mw).

- **Escala de Richter:** Desenvolvida em 1935 por Charles F. Richter, esta escala logarítmica mede a amplitude das ondas sísmicas. Cada número inteiro aumentado na escala representa um aumento de dez vezes na amplitude medida e uma libertação de energia cerca de 31,6 vezes superior.
- **Escala de Magnitude de Momento (Mw):** Uma escala mais moderna e amplamente utilizada que mede a energia total libertada por um terramoto. É considerada mais exacta do que a escala de Richter, especialmente para grandes sismos.

Ondas sísmicas

As ondas sísmicas geradas pelos terramotos são classificadas em dois tipos principais:

1. **Ondas do corpo:** Viajam pelo interior da Terra.
   - **Ondas primárias (P):** Ondas compressionais que são as ondas sísmicas mais rápidas e podem viajar através de sólidos, líquidos e gases.
   - **Ondas secundárias (S):** Ondas de cisalhamento que são mais lentas do que as ondas P e só podem viajar através de sólidos.
2. **Ondas de superfície:** Viajam ao longo da superfície da Terra e normalmente causam os maiores danos.
   - **Ondas de amor:** Causam o cisalhamento horizontal do solo.
   - **Ondas de Rayleigh:** Produzem um movimento de rolamento, semelhante às ondas do mar.

Sistemas de previsão de terramotos e de alerta precoce

Prever a hora e a localização exactas de um sismo continua a ser um desafio científico significativo devido à natureza complexa dos processos tectónicos. No entanto, os avanços tecnológicos e a compreensão da atividade sísmica levaram ao desenvolvimento de sistemas de alerta precoce.

Previsão de terramotos

A previsão de sismos envolve a previsão da probabilidade de ocorrência de um sismo numa região específica durante um determinado período de tempo. Isto é feito através de:

- **Avaliação do risco sísmico:** Análise da atividade sísmica histórica e dos dados geológicos para identificar áreas de risco.
- **Monitorização da acumulação de tensões:** Utilização de GPS e outros métodos geodésicos para medir a acumulação de tensão ao longo das linhas de falha.
- **Análise de padrões sísmicos:** Estudo de abalos prévios e outros precursores que possam indicar um terramoto iminente.

Sistemas de alerta precoce

Os sistemas de alerta precoce visam fornecer alguns segundos ou minutos de aviso antes de o abalo sísmico atingir um local. Estes sistemas utilizam uma rede de sismómetros para detetar as ondas P iniciais, que viajam mais depressa mas causam menos danos do que as ondas S subsequentes e as ondas de superfície. Uma vez detectado um sismo, os avisos podem ser emitidos através de vários canais, permitindo que as pessoas tomem medidas de proteção.

Terramotos históricos

O terramoto de São Francisco de 1906

Um dos terramotos mais devastadores da história dos Estados Unidos, o terramoto de São Francisco de 1906 teve uma magnitude de aproximadamente 7,9. O terramoto causou destruição e incêndios generalizados, causando cerca de 3.000 mortes e deixando mais de metade da população da cidade sem casa. O acontecimento pôs em evidência a necessidade de melhorar as normas de construção e o planeamento urbano.

O terramoto e o tsunami de Tohoku de 2011

Em 11 de março de 2011, um terramoto de magnitude 9,0 atingiu a costa do Japão, desencadeando um enorme tsunami. A catástrofe combinada causou quase 16 000 mortes, danos materiais consideráveis e uma crise nuclear na central nuclear de Fukushima Daiichi. Este acontecimento sublinhou a importância dos sistemas de alerta de tsunami e a necessidade de segurança nuclear.

Mitigação e preparação

Códigos de construção e técnicas de construção

A aplicação de códigos de construção rigorosos e a utilização de técnicas de construção resistentes a sismos podem reduzir significativamente os danos e a perda de vidas durante um sismo. As principais estratégias incluem:

- **Isolamento da base:** Utilização de rolamentos e calços para isolar um edifício do movimento do solo.
- **Estruturas reforçadas:** Reforço de edifícios com armaduras de aço e betão para resistir a abalos.
- **Materiais flexíveis:** Utilização de materiais que podem absorver e dissipar energia.

Preparação da comunidade

A educação das comunidades sobre os riscos de terramotos e as medidas de preparação é crucial para minimizar o impacto dos terramotos. Isto inclui:

- **Exercícios anti-sísmicos:** Realização regular de exercícios para garantir que as pessoas saibam como reagir durante um terramoto.
- **Kits de emergência:** Incentivar os indivíduos e as famílias a manterem kits de emergência com bens essenciais.
- **Planos de evacuação:** Desenvolver e praticar planos de evacuação para casas, escolas e locais de trabalho.

Medidas governamentais e políticas

Os governos desempenham um papel fundamental na preparação para os terramotos através de:

- **Regulamentos de zoneamento:** Restringir o desenvolvimento em zonas de alto risco.
- **Investimento em infra-estruturas:** Assegurar que as infra-estruturas públicas, tais como pontes, hospitais e escolas, sejam construídas para resistir a sismos.
- **Planeamento da resposta a catástrofes:** Desenvolvimento de

planos globais de resposta a emergências e recuperação.

Conclusão

Os terramotos são uma parte natural dos processos dinâmicos da Terra, capazes de causar imensa destruição e perda de vidas. Compreender a ciência subjacente aos sismos, melhorar os sistemas de previsão e de alerta precoce e implementar medidas eficazes de atenuação e preparação são passos cruciais para reduzir o seu impacto. Se continuarmos a melhorar os nossos conhecimentos e a nossa preparação, podemos proteger melhor as comunidades e criar resiliência contra estas poderosas forças naturais.

Capítulo 3: Tsunamis: A Onda de Destruição

Introdução aos tsunamis

Os tsunamis são ondas marítimas poderosas e frequentemente devastadoras causadas por perturbações súbitas, como terramotos submarinos, erupções vulcânicas ou deslizamentos de terras. Ao contrário das ondas oceânicas normais geradas pelo vento, os tsunamis envolvem o movimento de um grande volume de água, resultando em ondas que podem atravessar bacias oceânicas inteiras e causar destruição generalizada ao atingir as zonas costeiras.

Causas dos tsunamis

Terramotos submarinos

A causa mais comum dos tsunamis são os terramotos submarinos, particularmente os que ocorrem nas zonas de subducção, onde as placas tectónicas colidem e uma placa é forçada a passar por baixo de outra. Quando um terramoto provoca uma deslocação significativa do fundo do mar, empurra uma grande quantidade de água, gerando ondas de tsunami.

Erupções vulcânicas

As erupções vulcânicas também podem desencadear tsunamis. Estes podem ocorrer através de vários mecanismos:

- **Erupções explosivas:** A libertação súbita de material vulcânico pode deslocar a água e criar ondas de tsunami.
- **Colapsos de caldeira:** Quando uma erupção vulcânica leva ao colapso de uma caldeira, pode deslocar uma quantidade significativa de água.
- **Deslizamentos de terra vulcânicos:** A atividade vulcânica pode causar o colapso de partes de um vulcão para o mar, deslocando a água e gerando um tsunami.

Deslizamentos de terra

Os deslizamentos de terra submarinos, frequentemente desencadeados por terramotos, podem deslocar grandes volumes de água e criar tsunamis. Os deslizamentos de terras terrestres, em que grandes massas de terra caem no oceano, também podem produzir ondas de tsunami.

Impactos de meteoritos

Embora raro, o impacto de grandes meteoritos pode gerar tsunamis, deslocando grandes quantidades de água. Estes eventos não foram registados nos tempos modernos, mas acredita-se que tenham ocorrido no passado geológico.

A ciência das ondas de tsunami

Características das ondas

As ondas de tsunami diferem significativamente das ondas oceânicas normais:

- **Comprimento de onda:** As ondas de tsunami têm comprimentos de onda muito longos, muitas vezes superiores a 100 quilómetros.
- **Velocidade:** As ondas de tsunami podem viajar a velocidades de até 800 quilómetros por hora em águas profundas.
- **Altura das ondas:** Em águas profundas, as ondas de tsunami têm normalmente menos de um metro de altura e não são perceptíveis. No entanto, quando se aproximam de águas costeiras pouco profundas, a sua altura pode aumentar drasticamente.
- **Período da onda:** O tempo entre ondas sucessivas de tsunami pode variar de minutos a mais de uma hora, com várias ondas frequentemente seguindo a inicial.

Propagação de ondas

Quando um tsunami é gerado, a energia da perturbação espalha-se em todas as direcções, criando uma série de ondas. À medida que estas ondas atravessam o oceano, podem perder muito pouca energia, o que lhes permite percorrer grandes distâncias. Ao chegarem a zonas costeiras menos profundas, as ondas abrandam e aumentam de altura devido ao processo de formação de cardumes.

Tsunamis históricos

O tsunami de 2004 no Oceano Índico

Um dos tsunamis mais mortíferos de que há registo na história ocorreu a 26 de dezembro de 2004. Um enorme terramoto submarino com uma magnitude de 9,1-9,3 atingiu a costa oeste do norte de Sumatra, na Indonésia. O tsunami resultante afectou 14 países, incluindo a Indonésia, a

Tailândia, o Sri Lanka, a Índia e as Maldivas. Causou mais de 230 000 mortes e provocou milhões de desalojados. A catástrofe pôs em evidência a necessidade de um sistema eficaz de alerta de tsunamis no Oceano Índico.

O tsunami de Tohoku de 2011

Em 11 de março de 2011, um terramoto de magnitude 9,0 ao largo da costa de Tohoku, no Japão, desencadeou um tsunami devastador. As ondas atingiram alturas de até 40 metros e viajaram até 10 quilómetros para o interior. O tsunami causou quase 16.000 mortes e levou ao desastre nuclear de Fukushima Daiichi. Este evento sublinhou a importância das defesas costeiras e as vulnerabilidades das infra-estruturas críticas.

O tsunami chileno de 1960

O maior terramoto alguma vez registado, com uma magnitude de 9,5, atingiu o Chile a 22 de maio de 1960. O terramoto gerou um tsunami que afectou não só a costa chilena, mas também atravessou o Oceano Pacífico, causando mortes e danos no Havai, Japão e Filipinas. Este acontecimento demonstrou o alcance global dos tsunamis poderosos.

Sistemas de alerta e preparação para tsunamis

Sistemas de alerta de tsunami

A eficácia dos sistemas de alerta de tsunamis é crucial para reduzir o impacto dos tsunamis nas comunidades costeiras. Estes sistemas envolvem:

- **Monitorização sísmica:** Deteção de terramotos submarinos que podem gerar tsunamis.
- **Bóias DART (Deep-ocean Assessment and Reporting of Tsunamis):** Estas bóias detectam as alterações do nível do mar em águas profundas e transmitem os dados aos centros de alerta.
- **Medidores de marés:** Medição das alterações do nível do mar ao longo das costas.
- **Redes de comunicação:** Disseminação de avisos para as áreas afectadas através de sirenes, transmissões nos meios de comunicação social e alertas móveis.

O Centro de Alerta de Tsunamis do Pacífico (PTWC) e o Sistema de Alerta e Mitigação de Tsunamis do Oceano Índico (IOTWMS) são exemplos de sistemas de alerta regionais que coordenam a monitorização e os alertas.

Preparação da comunidade

A preparação é fundamental para minimizar o impacto dos tsunamis. As principais estratégias incluem:

- **Educação e simulacros:** Educar as comunidades sobre os riscos de tsunami e efetuar exercícios regulares de evacuação.
- **Planos de evacuação:** Desenvolver e praticar itinerários de evacuação e zonas seguras.
- **Infra-estruturas:** Construção de muros marítimos e outras defesas costeiras para reduzir o impacto das ondas de tsunami.
- **Receção de alertas precoces:** Garantir que as comunidades tenham acesso aos sistemas de alerta precoce e saibam como responder aos alertas.

Mitigação e resposta aos tsunamis

Mitigação estrutural

As comunidades costeiras podem aplicar várias medidas estruturais para atenuar o impacto dos tsunamis:

- **Muros de proteção e quebra-mares:** Estruturas concebidas para absorver ou desviar a energia das ondas que chegam.
- **Edifícios elevados:** Construção de edifícios sobre estacas ou plataformas elevadas para evitar inundações.
- **Mangues e recifes de coral:** Preservação de barreiras naturais que podem reduzir a energia das ondas e proporcionar proteção adicional.

Resposta de emergência

Uma resposta de emergência eficaz implica:

- **Evacuação rápida:** Assegurar a evacuação rápida dos residentes para terrenos mais altos ou para áreas seguras designadas.
- **Operações de busca e salvamento:** Mobilização de equipas para ajudar as pessoas afectadas pelo tsunami.
- **Ajuda médica e de socorro:** Prestação de cuidados médicos imediatos, alimentos, água e abrigo aos sobreviventes.

Conclusão

Os tsunamis estão entre as catástrofes naturais mais destrutivas, capazes de causar enormes perdas de vidas e bens. A compreensão das causas e características dos tsunamis, a implementação de sistemas de alerta eficazes e a preparação das comunidades para potenciais eventos são cruciais para reduzir o seu impacto. Através de investigação contínua, avanços tecnológicos e cooperação internacional, podemos melhorar a nossa capacidade de prever, preparar e responder aos tsunamis, acabando por salvar vidas e construir comunidades costeiras mais resistentes.

Capítulo 4: Erupções vulcânicas: A Fúria Ardente da Terra

Introdução às Erupções Vulcânicas

As erupções vulcânicas estão entre os eventos mais dramáticos e poderosos da natureza, capazes de remodelar paisagens e afetar climas globais. Ocorrem quando o magma, o gás e as cinzas escapam do subsolo da crosta terrestre através de um vulcão. Estas erupções podem ser explosivas ou efusivas, com impactos variáveis consoante a sua magnitude e localização.

Tipos de vulcões

Os vulcões são geralmente classificados com base na sua forma, tamanho e estilo de erupção. Os principais tipos de vulcões incluem:

Vulcões de escudo

Os vulcões-escudo têm lados largos e suavemente inclinados, formados pela erupção de lava basáltica de baixa viscosidade que pode fluir por longas distâncias. Normalmente, produzem erupções não explosivas. Exemplos incluem o Mauna Loa e o Kilauea no Havai.

Estratovulcões

Os estratovulcões, também conhecidos como vulcões compostos, têm formas íngremes e cónicas formadas por camadas alternadas de lava, cinzas e outros detritos vulcânicos. São conhecidos pelas suas erupções explosivas devido à elevada viscosidade do seu magma. Helens, nos EUA, o Monte Fuji, no Japão, e o Monte Vesúvio, em Itália, são alguns exemplos de estratovulcões notáveis.

Vulcões de Cone de Cinzas

Os vulcões de cone de cinzas são o tipo de vulcão mais pequeno, caracterizado por lados íngremes constituídos por fragmentos vulcânicos, como cinzas, pedra-pomes e bombas de lava. Estes vulcões têm normalmente erupções explosivas de curta duração. Exemplos incluem o Parícutin, no México, e a Cratera do Pôr-do-Sol, nos EUA.

Cúpulas de lava

As cúpulas de lava são formadas pela extrusão lenta de lava altamente viscosa, que se acumula perto da abertura vulcânica. Estes domos podem crescer ao longo do tempo e, por vezes, produzir erupções explosivas. Um exemplo é a cúpula de Novarupta, formada durante a erupção de 1912 no Alasca.

Causas das erupções vulcânicas

As erupções vulcânicas são provocadas pelo movimento do magma do manto terrestre para a superfície. Os principais processos envolvidos incluem:

Formação magmática

O magma forma-se no manto devido à fusão parcial de rochas causada por vários factores, como o aumento da temperatura, a diminuição da pressão ou a adição de voláteis como a água. Esta rocha fundida é menos densa do que a rocha sólida circundante, fazendo com que suba em direção à superfície da Terra.

Ascensão do Magma

À medida que o magma sobe, acumula-se em câmaras de magma por baixo do vulcão. A pressão nestas câmaras aumenta à medida que mais magma se acumula. Quando a pressão se torna demasiado elevada, pode fraturar a rocha circundante, permitindo que o magma suba através de condutas vulcânicas e atinja a superfície.

Gatilhos de Erupção

Vários factores podem desencadear uma erupção vulcânica:

- **Expansão de gases:** Os gases vulcânicos dissolvidos no magma, como o vapor de água, o dióxido de carbono e o dióxido de enxofre, expandem-se à medida que o magma sobe, criando uma pressão que pode forçar o magma a entrar em erupção.
- **Mistura de magmas:** A interação de diferentes magmas com viscosidades e teores de gás variáveis pode desestabilizar o sistema e desencadear uma erupção.
- **Factores externos:** Terramotos, deslizamentos de terras ou a súbita libertação de pressão devido ao colapso de um edifício vulcânico também podem iniciar uma erupção.

Riscos vulcânicos

As erupções vulcânicas representam numerosos riscos para os seres humanos, as infra-estruturas e o ambiente. Estes perigos incluem:

Fluxos de lava

Os fluxos de lava são fluxos de rocha fundida que podem destruir tudo no seu caminho. Embora normalmente se desloquem suficientemente devagar para permitir a evacuação das pessoas, podem causar danos materiais significativos e alterar as paisagens.

Fluxos piroclásticos

Os fluxos piroclásticos são correntes rápidas de gás quente, cinzas e rochas vulcânicas que podem atingir temperaturas de até 1.000 graus Celsius e velocidades superiores a 700 quilómetros por hora. Estes fluxos podem incinerar, enterrar ou sufocar qualquer coisa no seu caminho, tornando-os num dos perigos vulcânicos mais mortíferos.

Queda de cinzas

As cinzas vulcânicas consistem em pequenos fragmentos de rocha, minerais e vidro vulcânico ejectados durante uma erupção. A queda de cinzas pode perturbar as viagens aéreas, danificar edifícios, contaminar o abastecimento de água e causar problemas respiratórios a pessoas e animais.

Lahars

Os lahars são fluxos de lama vulcânica destrutivos formados pela mistura de detritos vulcânicos com água da chuva, neve derretida ou gelo. Estes fluxos podem deslocar-se rapidamente pelos vales dos rios, destruindo infra-estruturas, terrenos agrícolas e comunidades.

Gases vulcânicos

As erupções vulcânicas libertam gases como o vapor de água, o dióxido de carbono, o dióxido de enxofre, o sulfureto de hidrogénio e o flúor. Estes gases podem representar riscos para a saúde, contribuir para a chuva ácida e afetar os padrões climáticos globais.

Erupções vulcânicas notáveis

Monte Vesúvio, 79 d.C.

Uma das mais famosas erupções da história, a erupção do Monte Vesúvio em 79 d.C., soterrou as cidades romanas de Pompeia e Herculano sob uma espessa camada de cinzas e pedra-pomes. Milhares de pessoas morreram, mas as cidades foram preservadas durante séculos, proporcionando valiosos conhecimentos arqueológicos.

Krakatoa, 1883

A erupção do Krakatoa em 1883 foi um dos acontecimentos vulcânicos mais violentos de que há registo na história. A explosão gerou enormes tsunamis, matou mais de 36.000 pessoas e causou efeitos climáticos globais, incluindo uma descida significativa das temperaturas e pores-do-sol vívidos durante vários anos.

Monte St. Helens, 1980

A erupção do Monte St. Helens em 1980, em Washington, EUA, foi um acontecimento catastrófico que resultou no maior deslizamento de terras de que há registo na história. A erupção matou 57 pessoas, destruiu centenas de casas e alterou drasticamente a paisagem circundante.

Monitorização e previsão de erupções vulcânicas

Os avanços na vulcanologia melhoraram a nossa capacidade de monitorizar e prever erupções vulcânicas. Os principais métodos incluem:

Sismologia

A atividade sísmica é um indicador primário de agitação vulcânica. Os vulcanólogos utilizam sismógrafos para detetar e analisar terramotos e tremores causados pelo movimento do magma por baixo de um vulcão.

Emissões de gases

A medição da composição e quantidade de gases vulcânicos emitidos por fumarolas, fontes e crateras pode fornecer informações sobre a atividade do magma e o potencial risco de erupção.

Deformação do solo

Utilizando o GPS e técnicas baseadas em satélites como o InSAR (Interferometric Synthetic Aperture Radar), os cientistas podem detetar alterações na superfície da Terra causadas pela acumulação e movimento do magma.

Imagem térmica

As câmaras de infravermelhos e os sensores térmicos baseados em satélites podem detetar alterações de temperatura associadas à atividade vulcânica, como o aquecimento de fumarolas e o aparecimento de novos fluxos de lava.

Observações visuais

As observações regulares no terreno e os levantamentos aéreos permitem aos vulcanólogos monitorizar as alterações no aspeto de um vulcão, tais como novas fissuras, aumento das emissões de vapor ou crescimento de domos de lava.

Preparação e mitigação de erupções vulcânicas

Sistemas de alerta precoce

A existência de sistemas eficazes de alerta precoce é crucial para minimizar o impacto das erupções vulcânicas. Estes sistemas envolvem:

- **Monitorização contínua:** Manutenção de uma rede de estações de monitorização em torno de vulcões activos para detetar sinais de agitação.
- **Cartografia de perigos:** Identificação de áreas em risco de diferentes perigos vulcânicos e produção de mapas de perigo pormenorizados.
- **Redes de comunicação:** Divulgação de avisos às autoridades, às comunidades e ao público através de vários canais, incluindo sirenes, meios de comunicação social e alertas móveis.

Preparação da comunidade

A educação das comunidades sobre os riscos vulcânicos e as medidas de preparação é essencial para reduzir o impacto das erupções. As principais estratégias incluem:

- **Planos de evacuação:** Desenvolver e praticar itinerários e procedimentos de evacuação.
- **Kits de emergência:** Incentivar os indivíduos e as famílias a manterem kits de emergência com bens essenciais.
- **Educação do público:** Fornecer informações sobre os riscos vulcânicos, medidas de segurança e acções de resposta.

Infra-estruturas e ordenamento do território

Os governos e os responsáveis pelo planeamento podem reduzir os riscos vulcânicos

- **Regulamentos de zonamento:** Restringir o desenvolvimento em zonas de alto risco.
- **Conceção de infra-estruturas resistentes:** Construção de edifícios, estradas e serviços públicos para resistir aos riscos vulcânicos.
- **Planeamento da utilização dos solos:** Preservar as zonas de proteção natural, como as florestas e as zonas húmidas, que podem atenuar os efeitos dos lahars e da queda de cinzas.

Conclusão

As erupções vulcânicas são acontecimentos naturais poderosos que podem ter impactos profundos nas sociedades humanas e no ambiente. Compreender as causas e a dinâmica das erupções, monitorizar a atividade vulcânica e implementar estratégias eficazes de preparação e atenuação são cruciais para reduzir o seu impacto. Através da investigação contínua, dos avanços tecnológicos e do envolvimento da comunidade, podemos prever, preparar e responder melhor às erupções vulcânicas, acabando por salvar vidas e construir comunidades mais resistentes.

Capítulo 5: Furacões e tufões: A fúria da tempestade

Introdução aos furacões e tufões

Os furacões e tufões estão entre os fenómenos meteorológicos mais poderosos e destrutivos da Terra. Conhecidos como ciclones tropicais, formam-se sobre águas oceânicas quentes e podem causar devastação generalizada através de ventos intensos, chuvas fortes e tempestades. A terminologia difere consoante a sua localização: são designados por furacões no Atlântico e no Pacífico Nordeste e por tufões no Pacífico Noroeste.

Formação de ciclones tropicais

Os ingredientes para um ciclone

A formação de um ciclone tropical requer várias condições essenciais:

1. **Águas quentes do oceano:** Temperaturas da superfície do mar de pelo menos 26,5°C (80°F) fornecem a energia necessária para alimentar a tempestade.
2. **Instabilidade atmosférica:** Uma região onde o ar quente e húmido perto da superfície é sobreposto por ar mais frio e seco no ar, permitindo fortes correntes ascendentes e convecção.
3. **Humidade elevada:** A humidade suficiente na média troposfera favorece o desenvolvimento de trovoadas no interior do ciclone.
4. **Efeito Coriolis:** A rotação da Terra ajuda a fazer girar o sistema e a organizá-lo numa tempestade rotativa. É por esta razão que os ciclones tropicais não se formam perto do equador, onde o efeito Coriolis é fraco.
5. **Baixo cisalhamento vertical do vento:** As fracas mudanças de vento com a altura ajudam a manter a estrutura do ciclone. Um forte cisalhamento do vento pode perturbar o desenvolvimento de um ciclone tropical.

As fases de desenvolvimento

1. **Perturbação tropical:** Um conjunto de trovoadas com rotação ciclónica mínima. Se as condições forem favoráveis, pode desenvolver-se mais.

2. **Depressão tropical:** O sistema se organiza e os ventos atingem até 38 mph (62 km/h). É-lhe atribuído um número para identificação.
3. **Tempestade tropical:** Com ventos sustentados entre 39-73 mph (63-118 km/h), a tempestade recebe um nome e continua a intensificar-se.
4. **Furacão/Tufão:** Quando os ventos excedem 74 mph (119 km/h), o sistema é classificado como furacão ou tufão. Uma maior intensificação leva à categorização em diferentes categorias (1 a 5) com base na escala Saffir-Simpson.

A estrutura dos ciclones tropicais

O Olho

O olho é o centro calmo de um furacão ou tufão, caracterizado por ventos fracos e céu limpo. Normalmente mede 20-40 milhas (32-64 km) de diâmetro. O olho é cercado pela parede do olho, um anel de tempestades intensas onde ocorre o tempo mais severo.

A parede do olho

A parede do olho contém os ventos mais fortes e a precipitação mais intensa. É a parte mais perigosa da tempestade, capaz de causar danos catastróficos.

Faixas de chuva

Bandas espirais de nuvens e trovoadas estendem-se para fora da parede do olho, trazendo chuva forte, vento e tornados. Estas bandas de chuva podem estender-se por centenas de quilómetros a partir do centro da tempestade.

Impactos dos ciclones tropicais

Danos causados pelo vento

Os ventos dos furacões e tufões podem ultrapassar as 155 mph (250 km/h) nas tempestades mais graves. Estes ventos fortes podem arrancar árvores, destruir edifícios e derrubar linhas eléctricas, provocando grandes danos materiais e perturbações nas infra-estruturas.

Ondas de tempestade

A vaga de tempestade é a subida anormal da água do mar acima da maré normal, impulsionada pelos ventos e pela baixa pressão da tempestade. É frequentemente o aspeto mais mortífero de um ciclone tropical, capaz de inundar as zonas costeiras com ondas e cheias que podem arrastar estruturas e pessoas.

Chuvas fortes e inundações

Os ciclones tropicais podem produzir chuvas torrenciais, provocando inundações graves. Estas inundações podem ocorrer tanto durante como após a tempestade, especialmente em zonas com drenagem deficiente ou com o solo já saturado. As águas das cheias podem contaminar as reservas de água potável, danificar as culturas e perturbar os transportes.

Tornados

Os furacões e tufões podem dar origem a tornados, particularmente nas bandas de chuva exteriores. Estes tornados, embora geralmente mais fracos do que os que ocorrem na região central dos Estados Unidos, podem ainda causar danos significativos e representar riscos adicionais para as áreas afectadas.

Furacões e tufões notáveis

Furacão Katrina (2005)

O furacão Katrina foi um dos furacões mais devastadores da história dos Estados Unidos. Atingiu a Costa do Golfo em agosto de 2005, causando uma destruição generalizada no Louisiana, Mississippi e Alabama. Nova Orleães foi particularmente atingida devido a falhas nos diques, o que levou a inundações catastróficas. O Katrina causou mais de 1.800 mortes e aproximadamente 125 mil milhões de dólares de prejuízos.

Tufão Haiyan (2013)

O tufão Haiyan, conhecido como Yolanda nas Filipinas, foi um dos ciclones tropicais mais fortes alguma vez registados. Atingiu as Filipinas em novembro de 2013 com ventos sustentados de 195 mph (315 km/h). O Haiyan causou mais de 6 300 mortes, danos avultados e uma crise humanitária, sobretudo na cidade de Tacloban.

Furacão Maria (2017)

O furacão Maria foi um furacão de categoria 5 que atingiu Porto Rico em setembro de 2017. Causou uma devastação generalizada, destruindo infra-estruturas e conduzindo a uma crise humanitária prolongada. O Maria causou quase 3 000 mortes e pôs em evidência as vulnerabilidades das infra-estruturas e dos sistemas de resposta a emergências da ilha.

Previsão e monitorização dos ciclones tropicais

Imagens de satélite

Os satélites fornecem dados cruciais para a monitorização dos ciclones tropicais. As imagens visíveis, de infravermelhos e de micro-ondas ajudam os meteorologistas a seguir o desenvolvimento, o movimento e a intensidade das tempestades. Os satélites geoestacionários, como a série GOES, e os satélites de órbita polar, como o JPSS da NOAA, fornecem uma cobertura contínua.

Aeronaves de reconhecimento

Os aviões Hurricane Hunter voam sobre ciclones tropicais para recolher dados sobre a velocidade do vento, a pressão, a temperatura e a humidade. Estes voos fornecem informações críticas para uma previsão exacta e para a compreensão da dinâmica das tempestades.

Modelos numéricos

Os modelos numéricos de previsão meteorológica simulam o comportamento dos ciclones tropicais utilizando equações matemáticas que descrevem os processos atmosféricos. Estes modelos ajudam a prever o trajeto, a intensidade e os potenciais impactos das tempestades. Os conjuntos de modelos fornecem uma gama de resultados possíveis, ajudando na avaliação da incerteza.

Preparação e atenuação

Sistemas de alerta precoce

A existência de sistemas de alerta precoce eficazes é essencial para reduzir o impacto dos ciclones tropicais. Estes sistemas envolvem:

- **Previsão:** Previsões exactas e atempadas da trajetória, intensidade e impactos potenciais das tempestades.
- **Comunicação:** Divulgação de avisos às autoridades, aos serviços de emergência e ao público através de vários canais, incluindo os meios de comunicação social, as redes sociais e os alertas móveis.
- **Planos de evacuação:** Implementação de planos de evacuação bem coordenados para transferir as pessoas das zonas de alto risco para

locais mais seguros.

Códigos de construção e infra-estruturas

O reforço dos códigos de construção e das infra-estruturas pode atenuar os danos causados pelos ciclones tropicais. As principais medidas incluem:

- **Construção resistente ao vento:** Utilização de materiais e projectos que possam resistir a ventos fortes.
- **Estruturas elevadas:** Construção de casas e infra-estruturas críticas sobre estacas ou fundações elevadas para proteção contra tempestades e inundações.
- **Melhoria da drenagem:** Melhoria dos sistemas de drenagem para gerir as chuvas fortes e reduzir as inundações.

Preparação da comunidade

É vital educar as comunidades sobre os riscos dos ciclones tropicais e as medidas de preparação. As estratégias incluem:

- **Kits de emergência:** Incentivar os indivíduos e as famílias a manterem kits de emergência com bens essenciais.
- **Exercícios de preparação:** Realização de exercícios regulares para garantir que as pessoas saibam como reagir a avisos e evacuar em segurança.
- **Educação do público:** Fornecer informações sobre os perigos dos ciclones tropicais e as medidas de segurança adequadas.

Proteção do litoral

A proteção das zonas costeiras através de meios naturais e artificiais pode reduzir o impacto das tempestades e das inundações. As estratégias incluem:

- **Mangues e zonas húmidas:** Preservar e restaurar barreiras naturais que absorvem a energia das ondas e reduzem a erosão.
- **Muros e diques marítimos:** Construção de barreiras para proteger as comunidades costeiras das tempestades.

Conclusão

Os furacões e tufões são forças naturais poderosas que podem causar uma destruição imensa. Compreender a sua formação, estrutura e impactos é crucial para melhorar a previsão, a preparação e a resposta. Tirando partido dos avanços tecnológicos, reforçando a capacidade de resistência das comunidades e implementando estratégias de atenuação eficazes, podemos reduzir os efeitos devastadores destas tempestades e proteger as populações vulneráveis. Através de investigação contínua, cooperação internacional e medidas proactivas, podemos antecipar, preparar e responder melhor à fúria dos ciclones tropicais.

Capítulo 6: Tsunamis: As ondas mais mortíferas do oceano

Introdução aos tsunamis

Os tsunamis são uma série de grandes ondas oceânicas geradas principalmente por atividade sísmica submarina, como terramotos, erupções vulcânicas e deslizamentos de terras. Estas ondas podem deslocar-se a alta velocidade através de grandes distâncias, causando danos catastróficos ao atingir as costas. O termo "tsunami" tem origem nas palavras japonesas "tsu" (porto) e "nami" (onda), reflectindo a sua ocorrência frequente nas regiões sismicamente activas do Oceano Pacífico.

Causas dos tsunamis

Terramotos submarinos

A maioria dos tsunamis é desencadeada por terramotos submarinos, especialmente os que ocorrem em zonas de subducção onde as placas tectónicas convergem. Quando um grande terramoto provoca uma deslocação súbita do fundo do mar, desloca um enorme volume de água, gerando ondas de tsunami. A magnitude e a profundidade do terramoto, bem como a natureza da deslocação do fundo do mar, influenciam a dimensão e a energia do tsunami resultante.

Erupções vulcânicas

A atividade vulcânica também pode gerar tsunamis. As erupções explosivas, os colapsos vulcânicos submarinos e os fluxos piroclásticos que entram no mar podem deslocar a água e criar ondas. Um exemplo é a erupção do Krakatoa em 1883, que produziu um tsunami mortal que devastou as zonas costeiras em redor do Estreito de Sunda.

Deslizamentos de terra

Os deslizamentos de terra submarinos, ou deslizamentos de terra que entram no oceano, podem causar tsunamis ao deslocar rapidamente a água. Estes deslizamentos de terra podem ser desencadeados por atividade sísmica, erupções vulcânicas ou pelo colapso de declives submarinos acentuados. O tsunami da Baía de Lituya em 1958, causado por um deslizamento de terras na sequência de um terramoto no Alasca, gerou ondas com mais de 500 metros de altura.

Outras causas

Os tsunamis podem também resultar de fenómenos menos comuns, como o impacto de meteoritos e o degelo de glaciares. Embora raros, estes fenómenos podem gerar ondas significativas capazes de causar danos consideráveis.

Características das ondas de tsunami

Velocidade da onda e comprimento de onda

As ondas de tsunami diferem das ondas oceânicas típicas em vários aspectos fundamentais. Têm comprimentos de onda extremamente longos, muitas vezes superiores a 100 quilómetros, e viajam a velocidades elevadas, até 800 quilómetros por hora (500 milhas por hora) em águas profundas. À medida que se aproximam das zonas costeiras menos profundas, a sua velocidade diminui, mas a sua altura aumenta drasticamente.

Ondas de arrasto

À medida que as ondas de tsunami entram em águas menos profundas junto às costas, ocorre um processo designado por "cardume de ondas". A energia da onda é comprimida, fazendo com que as ondas abrandem e aumentem de altura, atingindo por vezes dezenas de metros. Este fenómeno explica a razão pela qual os tsunamis podem causar uma destruição maciça quando atingem a costa.

Ondas múltiplas

Os tsunamis são normalmente constituídos por uma série de ondas, designadas por "comboio de ondas". A primeira onda nem sempre é a maior, e as ondas subsequentes podem chegar com minutos ou horas de intervalo. Este facto torna os tsunamis particularmente perigosos, uma vez que as ondas iniciais podem ser seguidas por outras maiores e mais destrutivas.

Impacto dos tsunamis

Inundação costeira

O impacto mais imediato e devastador de um tsunami é a inundação costeira, em que grandes volumes de água inundam as zonas costeiras. Isto pode levar à destruição generalizada de infra-estruturas, casas e terrenos agrícolas, bem como a uma perda significativa de vidas.

Correntes fortes e detritos

As ondas de tsunami geram correntes poderosas capazes de mover objectos de grandes dimensões, incluindo barcos, carros e destroços. Estas correntes podem causar danos adicionais e representar sérios riscos para as pessoas que tentam evacuar ou para os esforços de salvamento.

Danos ambientais

Os tsunamis podem causar grandes danos ambientais, incluindo a destruição de recifes de coral, mangais e ecossistemas costeiros. A intrusão de água salgada resultante das inundações pode também tornar o solo infértil e contaminar os recursos de água doce.

Efeitos a longo prazo

Os efeitos a longo prazo dos tsunamis incluem perdas económicas, deslocação de comunidades e crises de saúde pública. Os esforços de reconstrução podem levar anos e o impacto psicológico nos sobreviventes pode ser profundo.

Tsunamis notáveis

Tsunami no Oceano Índico (2004)

O tsunami do Oceano Índico, desencadeado por um forte terramoto de magnitude 9,1-9,3 ao largo da costa de Sumatra, na Indonésia, em 26 de dezembro de 2004, é uma das catástrofes naturais mais mortíferas da história. O tsunami afectou 14 países, causando mais de 230 000 mortos e milhões de desalojados. A devastação pôs em evidência a necessidade de melhores sistemas de alerta de tsunamis e de medidas de preparação.

Tsunami de Tohoku (2011)

O tsunami de Tohoku foi causado por um terramoto de magnitude 9,0 ao largo da costa do Japão em 11 de março de 2011. As ondas atingiram alturas de até 40 metros (131 pés) e inundaram grandes áreas do nordeste do Japão. A catástrofe causou mais de 15 000 mortes e provocou uma fusão nuclear na central nuclear de Fukushima Daiichi, conduzindo a uma crise nuclear significativa.

Tsunami na Baía de Lituya (1958)

O tsunami da Baía Lituya, causado por um enorme deslizamento de terras na sequência de um terramoto no Alasca, produziu ondas com mais de 500 metros de altura, as mais altas de que há registo na história. Embora o tsunami tenha ocorrido numa área remota, demonstrou o imenso poder dos tsunamis gerados por deslizamentos de terra.

Sistemas de alerta de tsunami

Deteção e monitorização

A eficácia dos sistemas de alerta de tsunamis assenta na deteção e monitorização da atividade sísmica e das alterações do nível do mar. Os principais componentes incluem:

- **Redes sísmicas:** As redes globais e regionais de sismómetros detectam sismos e fornecem dados sobre a sua localização e magnitude.
- **Bóias contra tsunamis:** As bóias DART (Deep-ocean Assessment and Reporting of Tsunamis) medem as alterações do nível do mar e transmitem dados aos centros de monitorização.
- **Medidores de marés:** Os marégrafos costeiros monitorizam as alterações do nível do mar e podem fornecer indicações precoces de tsunamis que se aproximam.

Divulgação de avisos

Uma vez detectado um potencial tsunami, é fundamental a divulgação atempada do alerta. Isto envolve:

- **Sistemas de comunicação:** Alertar as autoridades, os serviços de emergência e o público através de vários canais, incluindo sirenes, transmissões nos meios de comunicação social, alertas móveis e redes sociais.
- **Planos de evacuação:** Implementação de planos de evacuação bem coordenados para transferir as pessoas das zonas de alto risco para locais mais seguros.
- **Educação e simulacros:** Realização de campanhas de educação pública e simulacros regulares para garantir que as comunidades compreendem os riscos e sabem como reagir aos avisos.

Preparação e atenuação

Construir comunidades resilientes

O reforço das infra-estruturas e das comunidades costeiras para resistir aos tsunamis envolve várias estratégias:

- **Planeamento da utilização dos solos:** Restringir o desenvolvimento em zonas costeiras de alto risco e preservar as barreiras naturais, como os mangais e os recifes de coral.
- **Códigos de construção:** Implementação e aplicação de códigos de construção que exigem que as estruturas sejam projectadas para resistir às forças dos tsunamis.
- **Estruturas elevadas:** Construção de edifícios sobre estacas ou fundações elevadas para reduzir o risco de inundações.

Preparação da comunidade

A educação e a preparação das comunidades para os tsunamis podem salvar vidas. As principais medidas incluem:

- **Kits de emergência:** Incentivar os indivíduos e as famílias a manterem kits de emergência com bens essenciais.
- **Rotas de evacuação:** Marcação clara e manutenção dos itinerários de evacuação e das áreas seguras.
- **Educação pública:** Fornecimento de informações sobre os riscos de tsunami, sinais de alerta e medidas de segurança através de escolas, centros comunitários e meios de comunicação.

Cooperação internacional

Os tsunamis afectam frequentemente vários países, o que realça a necessidade de cooperação internacional. Os esforços de colaboração incluem:

- **Centros regionais de alerta:** Criação e manutenção de centros regionais de alerta de tsunamis, como o Centro de Alerta de Tsunamis do Pacífico (PTWC) e o Sistema de Alerta e Mitigação de Tsunamis do Oceano Índico (IOTWMS).
- **Partilha de dados:** Promover o intercâmbio de dados sísmicos e sobre o nível do mar entre países para melhorar as capacidades de

deteção e alerta.

- **Reforço das capacidades:** Apoio ao desenvolvimento de capacidades de preparação e resposta a tsunamis em regiões vulneráveis através de formação, recursos e assistência técnica.

Conclusão

Os tsunamis estão entre as catástrofes naturais mais devastadoras, capazes de causar destruição generalizada e perda de vidas. A compreensão das suas causas, características e impactos é crucial para melhorar a previsão, a preparação e a resposta. Tirando partido dos avanços tecnológicos, reforçando a capacidade de resistência das comunidades e promovendo a cooperação internacional, podemos reduzir os efeitos devastadores dos tsunamis e proteger as populações vulneráveis. Através de investigação contínua, medidas proactivas e colaboração global, podemos antecipar, preparar e responder melhor às ondas mais mortíferas do oceano.

Capítulo 7: Tornados: As tempestades mais violentas da natureza

Introdução aos Tornados

Os tornados são colunas de ar em rápida rotação que se estendem das tempestades até ao solo. São capazes de uma destruição incrível, com velocidades do vento que podem ultrapassar as 300 milhas por hora (480 quilómetros por hora). Conhecidos pela sua forma caraterística de funil, os tornados podem demolir edifícios, arrancar árvores e lançar detritos a grandes distâncias. Apesar da sua dimensão relativamente pequena em comparação com outras catástrofes naturais, a sua intensidade e imprevisibilidade fazem deles uma das tempestades mais violentas da natureza.

Formação de Tornados

Os ingredientes para um tornado

A formação de tornados requer um conjunto específico de condições atmosféricas:

1. **Instabilidade:** O ar quente e húmido perto da superfície e o ar mais frio e seco no céu criam uma atmosfera instável, propícia a fortes correntes ascendentes.
2. **Cisalhamento do vento:** As alterações na velocidade e direção do vento com a altura contribuem para o desenvolvimento de uma coluna de ar em rotação.
3. **Elevação:** Um mecanismo de elevação, como uma frente fria ou uma linha seca, ajuda a elevar o ar quente e húmido para a atmosfera, dando início às trovoadas.
4. **Humidade:** A humidade suficiente na baixa atmosfera fornece a energia necessária para o desenvolvimento das trovoadas.

O papel das supercélulas

As supercélulas são um tipo especial de trovoada que está mais frequentemente associado à formação de tornados. Caracterizam-se por uma corrente ascendente profunda e rotativa denominada mesociclone. O mesociclone forma-se em resultado do cisalhamento do vento, que inclina o ar em rotação para uma orientação vertical. Se as condições forem adequadas, a rotação pode apertar e intensificar-se, levando potencialmente à formação de um tornado.

A estrutura de um tornado

A nuvem do funil

Um tornado começa como uma nuvem em forma de funil, uma coluna de ar visível e rotativa que se estende da base de uma tempestade, mas que ainda não toca no solo. A nuvem funil transforma-se num tornado quando atinge o solo e causa danos.

O Vórtice

O vórtice é o núcleo central e rotativo do tornado. A velocidade do vento é mais elevada perto do centro e o vórtice pode ser extremamente violento, causando danos significativos.

A nuvem de detritos

À medida que um tornado se move, apanha detritos do solo, formando uma nuvem de detritos que rodeia o vórtice. A nuvem de detritos pode ser constituída por terra, folhas e até objectos de grandes dimensões, como veículos e materiais de construção.

Tipos de tornados

Tornados fracos

Os tornados fracos, classificados como EF0 ou EF1 na escala Fujita melhorada, têm velocidades de vento entre 65 e 110 mph (105 e 177 km/h). Normalmente, causam danos menores, como ramos de árvores partidos e telhados danificados.

Tornados fortes

Os tornados fortes (EF2 ou EF3) têm velocidades de vento entre 111 e 165 mph (178 e 266 km/h). Podem causar danos significativos, incluindo arrancar telhados de casas bem construídas, derrubar comboios e arrancar árvores.

Tornados violentos

Os tornados violentos, classificados como EF4 ou EF5, têm velocidades de vento superiores a 166 mph (267 km/h). Esses tornados são capazes de arrasar casas bem construídas, arrancar o asfalto das estradas e arremessar veículos pelo ar. Os tornados EF5, os mais extremos, têm velocidades de vento superiores a 200 mph (322 km/h) e podem causar a destruição completa de bairros inteiros.

Impacto dos tornados

Destruição de bens

Os tornados podem causar grandes danos materiais, incluindo:

- **Danos residenciais:** Os tornados podem destruir completamente as casas, deslocar famílias e criar escombros espalhados.
- **Danos em infra-estruturas:** Podem danificar ou destruir linhas eléctricas, torres de comunicação e outras infra-estruturas críticas, provocando cortes de energia e a interrupção de serviços.
- **Impacto na agricultura:** Os tornados podem arrasar colheitas, destruir celeiros e equipamento e causar perdas financeiras significativas aos agricultores.

Impacto humano

O custo humano dos tornados pode ser devastador:

- **Ferimentos e mortes:** Os tornados podem causar ferimentos graves e mortes devido a detritos voadores, estruturas desmoronadas e outros perigos.
- **Deslocação:** Os tornados deixam frequentemente as pessoas sem abrigo, exigindo abrigos temporários e esforços de recuperação a longo prazo.
- **Efeitos psicológicos:** O trauma de passar por um tornado pode levar a impactos psicológicos a longo prazo, incluindo ansiedade, depressão e perturbação de stress pós-traumático (PTSD).

Tornados notáveis

O Tornado Tri-State (1925)

O Tornado Tri-State é o tornado mais mortífero da história dos Estados Unidos, tendo ocorrido a 18 de março de 1925. Atravessou o Missouri, Illinois e Indiana, percorrendo um trajeto de 219 milhas (352 km) e causando 695 vítimas mortais. O tornado causou danos catastróficos, destruindo cidades e zonas rurais ao longo do seu trajeto.

O Tornado de Joplin (2011)

Em 22 de maio de 2011, um tornado EF5 atingiu Joplin, Missouri, causando 158 mortos e mais de 1000 feridos. O tornado causou danos consideráveis, arrasando bairros inteiros, escolas e empresas. A catástrofe pôs em evidência a necessidade de melhorar os sistemas de alerta e a preparação da comunidade.

O Tornado de Moore (2013)

Um tornado EF5 atingiu Moore, Oklahoma, em 20 de maio de 2013, causando 24 mortes e mais de 200 feridos. O tornado causou uma destruição maciça, incluindo a devastação de várias escolas e zonas residenciais. O evento sublinhou a importância de construir estruturas resistentes a tempestades e de ter planos de emergência eficazes.

Previsão e monitorização de tornados

Radar Doppler

O radar Doppler é uma ferramenta crucial para a deteção e monitorização de tornados. Mede a velocidade das partículas de precipitação, permitindo aos meteorologistas identificar a rotação dentro das tempestades e emitir avisos atempados.

Observadores de tempestades

Os observadores de tempestades treinados desempenham um papel vital na deteção e comunicação de tornados. Estes voluntários observam e comunicam condições meteorológicas graves, fornecendo informações em tempo real aos meteorologistas e aos serviços de emergência.

Modelos numéricos

Os modelos numéricos de previsão meteorológica simulam as condições atmosféricas e ajudam a prever o potencial de desenvolvimento de tornados. Estes modelos utilizam algoritmos complexos para prever o comportamento dos sistemas meteorológicos e identificar áreas de risco de tempestades severas.

Preparação e atenuação

Sistemas de alerta precoce

A eficácia dos sistemas de alerta precoce é essencial para reduzir o impacto dos tornados. Estes sistemas envolvem:

- **Rádios meteorológicos:** Os rádios meteorológicos NOAA fornecem actualizações e alertas contínuos para condições meteorológicas adversas, incluindo avisos de tornados.
- **Alertas de emergência:** Os alertas por telemóvel, as sirenes e as emissões dos meios de comunicação social divulgam os avisos ao público, dando tempo às pessoas para se abrigarem.
- **Redes comunitárias:** As redes locais de observadores de tempestades e os serviços de emergência asseguram a rápida divulgação de avisos e informações.

Salas e abrigos seguros

A construção de salas seguras e abrigos contra tempestades pode salvar vidas durante os tornados. As principais considerações incluem:

- **Conceção e localização:** As salas de segurança devem ser construídas para resistir a ventos fortes e ao impacto de detritos, e estar localizadas em áreas de fácil acesso dentro das casas ou comunidades.
- **Abrigos públicos:** Os abrigos comunitários oferecem refúgio às pessoas que não têm acesso a salas seguras pessoais, especialmente em zonas de alto risco.

Códigos de construção e construção

A implementação e a aplicação de códigos de construção que aumentem a resistência das estruturas aos tornados podem atenuar os danos. As estratégias incluem:

- **Projectos resistentes ao vento:** Utilização de materiais e técnicas de construção que possam resistir a ventos fortes e reduzir os danos estruturais.
- **Sistemas de ancoragem:** Instalação de sistemas de ancoragem adequados para fixar telhados, paredes e fundações.

Preparação da comunidade

A educação e a preparação das comunidades para a ocorrência de tornados envolve várias medidas fundamentais:

- **Planos de emergência:** Desenvolver e praticar planos de emergência, incluindo a identificação de áreas seguras e itinerários de evacuação.

- **Programas de educação:** Fornecer informações sobre os riscos de tornados, sinais de alerta e medidas de segurança através das escolas, centros comunitários e meios de comunicação social.

- **Exercícios de preparação:** Realização de exercícios regulares para garantir que os indivíduos e as famílias saibam como reagir a avisos e abrigar-se rapidamente.

Conclusão

Os tornados estão entre os fenómenos naturais mais violentos e destrutivos da Terra. Compreender a sua formação, estrutura e impactos é crucial para melhorar a previsão, a preparação e a resposta. Tirando partido dos avanços tecnológicos, reforçando a resiliência da comunidade e implementando estratégias de atenuação eficazes, podemos reduzir os efeitos devastadores dos tornados e proteger as populações vulneráveis. Através de investigação contínua, medidas proactivas e educação da comunidade, podemos antecipar, preparar e responder melhor às tempestades mais violentas da natureza.

Capítulo 8: Furacões: As potências dos trópicos

Introdução aos furacões

Os furacões, também conhecidos como tufões ou ciclones, consoante a sua localização, são poderosas tempestades tropicais caracterizadas por ventos fortes, precipitação intensa e tempestades. Estes sistemas meteorológicos de grandes dimensões podem causar danos consideráveis em vastas áreas, afectando milhões de pessoas. Os furacões formam-se sobre águas oceânicas quentes e são impulsionados por condições atmosféricas que favorecem o seu desenvolvimento e intensificação.

Formação de furacões

Os ingredientes para um furacão

A formação de furacões requer várias condições fundamentais:

1. **Água quente do oceano:** As temperaturas da superfície do mar de pelo menos 26,5°C (79,7°F) fornecem o calor e a humidade necessários para o desenvolvimento de um furacão.
2. **Instabilidade atmosférica:** Uma perturbação atmosférica pré-existente, muitas vezes sob a forma de uma onda tropical, proporciona a instabilidade inicial necessária para dar início ao processo.
3. **Humidade elevada:** A humidade elevada nos níveis inferiores e médios da troposfera é essencial para alimentar a tempestade.
4. **Baixo cisalhamento do vento:** O baixo cisalhamento vertical do vento permite que a tempestade se organize e se intensifique. O cisalhamento elevado do vento pode perturbar a estrutura da tempestade e enfraquecê-la.
5. **Efeito Coriolis:** O efeito Coriolis, devido à rotação da Terra, ajuda a tempestade a girar. Este efeito é insignificante no equador, pelo que os furacões não se formam aí.

As fases de desenvolvimento

Os furacões desenvolvem-se em várias fases:

1. **Perturbação tropical:** Um conjunto de trovoadas forma-se sobre as águas quentes do oceano.

2. **Depressão tropical:** O sistema ganha organização e uma circulação definida, com ventos sustentados abaixo de 39 mph (63 km/h).
3. **Tempestade tropical:** Quando os ventos sustentados atingem 39-73 mph (63-118 km/h), o sistema é classificado como tempestade tropical e recebe um nome.
4. **Furacão:** A tempestade torna-se um furacão quando os ventos sustentados excedem 74 mph (119 km/h).

A estrutura de um furacão

O Olho

O olho é o centro calmo do furacão, caracterizado por céu limpo e ventos fracos. Normalmente mede 20-40 milhas (32-64 km) de diâmetro. O olho forma-se quando o ar desce e aquece, levando à redução da cobertura de nuvens e do vento.

A parede ocular

À volta do olho encontra-se a parede ocular, um anel de tempestades intensas com os ventos mais fortes e a precipitação mais intensa. É na parede ocular que se concentram as forças mais destrutivas do furacão.

Faixas de chuva

Em espiral para fora da parede ocular estão as bandas de chuva, bandas de chuva forte e trovoadas que se estendem a centenas de quilómetros do centro. Estas bandas de chuva podem causar inundações e tornados.

Fluxo de saída

No topo do furacão, o ar espalha-se para fora, criando um fluxo de saída que ajuda a manter a força da tempestade, permitindo a entrada de ar quente e húmido nos níveis mais baixos.

Intensidade e classificação

A Escala Saffir-Simpson

Os furacões são classificados utilizando a Escala de Vento de Furacão Saffir-Simpson, que categoriza as tempestades com base nas suas velocidades de vento sustentadas:

- **Categoria 1:** 74-95 mph (119-153 km/h) - Alguns danos.

- **Categoria 2:** 96-110 mph (154-177 km/h) - Danos extensos.
- **Categoria 3:** 111-129 mph (178-208 km/h) - Danos devastadores.
- **Categoria 4:** 130-156 mph (209-251 km/h) - Danos catastróficos.
- **Categoria 5:** 157+ mph (252+ km/h) - Danos catastróficos.

Impacto dos furacões

Ondas de tempestade

A vaga de tempestades, uma subida anormal do nível do mar provocada pelos ventos de um furacão, é um dos aspectos mais mortíferos e destrutivos dos furacões. Pode inundar zonas costeiras, destruindo edifícios, estradas e infra-estruturas.

Danos causados pelo vento

Os ventos fortes de um furacão podem causar danos generalizados em edifícios, árvores, linhas eléctricas e veículos. Quanto mais forte for o furacão, mais graves serão os danos causados pelo vento.

Chuvas fortes e inundações

Os furacões podem produzir chuvas torrenciais, levando a inundações repentinas e inundações fluviais. As inundações podem estender-se para o interior, afectando áreas não diretamente atingidas pelo centro da tempestade.

Tornados

Os furacões podem gerar tornados, especialmente nas suas bandas de chuva exteriores. Estes tornados, embora tipicamente mais fracos do que os formados por outras tempestades severas, podem ainda assim causar danos significativos.

Furacões notáveis

Furacão Katrina (2005)

O furacão Katrina é um dos furacões mais devastadores da história dos Estados Unidos. Atingiu a Costa do Golfo em agosto de 2005 como um furacão de categoria 3, causando inundações catastróficas em Nova Orleães devido a falhas nos diques. A tempestade causou mais de 1.800 mortes e prejuízos estimados em 125 mil milhões de dólares.

Furacão Harvey (2017)

O furacão Harvey atingiu o Texas como um furacão de categoria 4 em agosto de 2017. Causou inundações sem precedentes na área metropolitana de Houston, com algumas áreas a receberem mais de 40 polegadas (1.000 mm) de chuva. O Harvey causou 107 vítimas mortais e mais de 125 mil milhões de dólares de prejuízos.

Tufão Haiyan (2013)

O tufão Haiyan, conhecido como Yolanda nas Filipinas, foi um dos ciclones tropicais mais fortes alguma vez registados. Atingiu as Filipinas em novembro de 2013 com ventos de até 195 mph (315 km/h). O tufão causou mais de 6.000 mortes e uma destruição maciça, deslocando milhões de pessoas.

Previsão e monitorização de furacões

Imagens de satélite

Os satélites fornecem informações essenciais para a monitorização dos furacões. As imagens visíveis, infravermelhas e de micro-ondas permitem que os meteorologistas acompanhem o desenvolvimento, a estrutura e o movimento das tempestades.

Caçadores de furacões

Aeronaves especialmente equipadas, conhecidas como Hurricane Hunters, voam para dentro dos furacões para recolher dados sobre a velocidade do vento, a pressão, a temperatura e a humidade. Estes dados são cruciais para uma previsão exacta.

Modelos numéricos

Os modelos numéricos de previsão meteorológica simulam a atmosfera para prever o desenvolvimento, a intensidade e o trajeto dos furacões. Estes modelos incorporam dados de satélites, aviões e observações de superfície.

Preparação e atenuação

Sistemas de alerta precoce

A existência de sistemas eficazes de alerta precoce é essencial para reduzir o impacto dos furacões.
Estes sistemas envolvem:

- **Previsões e avisos:** Emissão atempada de previsões e avisos para informar o público e as autoridades sobre a trajetória e a intensidade esperadas da tempestade.
- **Ordens de evacuação:** Implementação de ordens de evacuação para áreas de alto risco para garantir a segurança dos residentes.
- **Redes de comunicação:** Utilização de vários canais de comunicação, incluindo as redes sociais, para divulgar informações rapidamente.

Construir infra-estruturas resilientes

A construção de infra-estruturas resistentes pode atenuar os danos causados pelos furacões. As principais estratégias incluem:

- **Estruturas elevadas:** Construção de casas e instalações críticas em fundações elevadas para reduzir o risco de inundação.
- **Conceção resistente ao vento:** Utilização de materiais e técnicas de construção capazes de resistir a ventos fortes.
- **Barreiras contra tempestades:** Construção de barreiras e diques para proteção contra tempestades.

Preparação da comunidade

Educar e preparar as comunidades para os furacões envolve várias medidas fundamentais:

- **Kits de emergência:** Incentivar os indivíduos e as famílias a manterem kits de emergência com bens essenciais.
- **Planos de evacuação:** Desenvolver e praticar planos de evacuação, incluindo a identificação de abrigos e itinerários de evacuação.
- **Educação pública:** Fornecer informações sobre os riscos de furacões, sinais de aviso e medidas de segurança através das escolas, centros comunitários e meios de comunicação social.

Cooperação internacional

Os furacões afectam frequentemente vários países, o que realça a necessidade de cooperação internacional. Os esforços de colaboração incluem:

- **Centros regionais de alerta:** Criação e manutenção de centros regionais de alerta de furacões, como o National Hurricane Center (NHC) nos Estados Unidos e o Joint Typhoon Warning Center (JTWC).

- **Partilha de dados:** Promover o intercâmbio de dados meteorológicos entre países para melhorar as capacidades de deteção e alerta.
- **Reforço das capacidades:** Apoio ao desenvolvimento de capacidades de preparação e resposta a furacões em regiões vulneráveis através de formação, recursos e assistência técnica.

Conclusão

Os furacões estão entre os fenómenos naturais mais poderosos e destrutivos da Terra. Compreender a sua formação, estrutura e impactos é crucial para melhorar a previsão, a preparação e a resposta. Tirando partido dos avanços tecnológicos, reforçando a resistência das comunidades e implementando estratégias de mitigação eficazes, podemos reduzir os efeitos devastadores dos furacões e proteger as populações vulneráveis. Através de investigação contínua, medidas proactivas e colaboração global, podemos antecipar, preparar e responder melhor às potências dos trópicos.

Capítulo 9: Inundações: A força inundadora da natureza

Introdução às inundações

As inundações são catástrofes naturais caracterizadas pelo transbordamento de água para terrenos que normalmente estão secos. Estão entre os riscos naturais mais comuns e generalizados, afectando milhões de pessoas em todo o mundo todos os anos. As inundações podem resultar de várias causas, incluindo chuvas fortes, transbordamento de rios, tempestades e falhas em barragens ou diques. A gravidade das inundações pode variar entre pequenos inconvenientes e acontecimentos catastróficos que causam uma devastação generalizada.

Causas das inundações

Chuvas fortes

Períodos intensos ou prolongados de precipitação podem sobrecarregar os sistemas de drenagem e fazer com que rios, riachos e lagos transbordem das suas margens. As cheias repentinas, que ocorrem subitamente e sem aviso prévio, são particularmente perigosas.

Transbordamento do rio

Os rios podem transbordar das suas margens durante períodos de chuva intensa, rápida fusão da neve ou uma combinação de ambos. Factores como a urbanização, a desflorestação e as alterações na utilização dos solos podem agravar o risco de inundações ribeirinhas.

Inundações costeiras e tempestades

As inundações costeiras, causadas por ciclones tropicais (furacões, tufões) e tempestades fortes, provocam a inundação de zonas costeiras. As vagas de tempestade, a subida anormal do nível do mar gerada pelos ventos de uma tempestade, podem agravar as inundações costeiras e causar danos consideráveis.

Falhas de barragens ou diques

A falha de barragens ou diques, que são construídos para controlar o fluxo de água e evitar inundações, pode levar a inundações catastróficas a jusante. Deficiências estruturais, transbordamentos ou rupturas podem resultar de chuvas excessivas, manutenção deficiente ou eventos geológicos imprevistos.

Derretimento da neve e geladas

Durante o degelo da primavera ou em períodos de tempo quente, a neve e o gelo derretidos podem contribuir para as inundações ribeirinhas. Os engarrafamentos de gelo, causados pela acumulação de gelo nos rios e ribeiros, podem bloquear o fluxo de água e provocar inundações localizadas.

Tipos de inundações

Inundações fluviais

As cheias ribeirinhas ocorrem quando os rios, ribeiros e riachos transbordam das suas margens e inundam as áreas adjacentes. Podem desenvolver-se lenta ou rapidamente, dependendo da intensidade e duração da precipitação, bem como das condições a montante.

Inundações repentinas

As cheias repentinas são inundações súbitas e intensas que ocorrem no espaço de seis horas após chuvas fortes, falhas de barragens ou diques ou a libertação súbita de água de um reservatório. Podem ocorrer com pouco ou nenhum aviso e representam riscos significativos para a vida e a propriedade.

Inundações costeiras e de tempestades

As inundações costeiras resultam de tempestades tropicais, furacões ou tsunamis que provocam a inundação de zonas costeiras pela água do mar. As vagas de tempestade, impulsionadas por ventos fortes e baixa pressão atmosférica, podem amplificar as inundações costeiras e causar danos consideráveis.

Inundações urbanas

As inundações urbanas ocorrem em zonas densamente povoadas devido à impermeabilidade de superfícies como o asfalto e o betão, que impedem a infiltração da água no solo. Os sistemas de drenagem inadequados agravam o risco de inundações em caso de chuvas fortes.

Impacto das inundações

Danos nas infra-estruturas

As inundações podem causar danos significativos nas infra-estruturas, incluindo estradas, pontes, edifícios e serviços públicos. As águas das cheias podem corroer fundações, minar estruturas e danificar redes de transportes, perturbando a vida quotidiana e as actividades económicas.

Danos materiais

As casas e as empresas localizadas em áreas propensas a inundações correm o risco de sofrer danos ou destruição durante as inundações. As águas das cheias podem inundar os edifícios, causando danos estruturais, contaminando os interiores e destruindo os pertences pessoais e o inventário.

Impacto agrícola

As cheias podem devastar as terras agrícolas, inundando as culturas, erodindo o solo superficial e danificando o equipamento e as infra-estruturas agrícolas. As perdas na agricultura podem ter repercussões económicas a longo prazo para os agricultores e as comunidades dependentes da agricultura.

Saúde e segurança das pessoas

As inundações representam riscos significativos para a saúde e a segurança das pessoas:

- **Afogamento:** As cheias que se deslocam rapidamente podem arrastar veículos e pessoas, provocando o afogamento.
- **Doenças transmitidas pela água:** As águas contaminadas das cheias podem propagar doenças como a cólera, a febre tifoide e a hepatite.
- **Saúde mental:** O trauma de sofrer uma inundação, a deslocação e a perda de bens pode provocar stress, ansiedade e outros problemas de saúde mental.

Inundações notáveis

Grande Inundação de 1993 (Estados Unidos)

A Grande Inundação de 1993 foi uma das inundações mais significativas e dispendiosas da história dos EUA. Afectou as regiões do Midwest e das Grandes Planícies, inundando milhares de quilómetros quadrados e causando prejuízos de milhares de milhões de dólares. A inundação provocou evacuações generalizadas e levou a alterações na gestão das planícies aluviais e nas estratégias de resposta a catástrofes.

Inundações no Paquistão em 2010

As cheias de 2010 no Paquistão foram das mais devastadoras da história do país, afectando milhões de pessoas e provocando a deslocação de outros milhões. As fortes chuvas de monção provocaram o transbordamento dos rios, inundando vastas áreas e causando a destruição generalizada de casas, infra-estruturas e terrenos agrícolas.

Inundações na Tailândia em 2011

As inundações de 2011 na Tailândia foram desencadeadas por chuvas de monção invulgarmente fortes que inundaram grandes partes do país. As inundações afectaram zonas industriais, perturbando as cadeias de abastecimento mundiais e causando perdas económicas significativas. A catástrofe pôs em evidência a vulnerabilidade das zonas urbanas e a importância da preparação para as inundações e da atenuação dos seus efeitos.

Previsão e controlo das inundações

Modelos hidrológicos

Os modelos hidrológicos simulam o comportamento de rios e cursos de água com base em dados de precipitação, humidade do solo e topografia. Estes modelos prevêem o caudal dos rios e as condições potenciais de inundação, ajudando as autoridades a emitir avisos e a planear respostas.

Deteção remota

As imagens de satélite e as tecnologias de deteção remota fornecem dados valiosos sobre os padrões de precipitação, os níveis dos rios e a extensão das cheias. A monitorização em tempo real ajuda os meteorologistas e as equipas de emergência a acompanhar a evolução das cheias e a avaliar os seus impactos.

Sistemas de alerta precoce de inundações

Os sistemas de alerta precoce de inundações utilizam dados meteorológicos, medidores de rios e modelos hidrológicos para prever inundações e emitir avisos atempados. Canais de comunicação eficazes garantem que os avisos chegam às comunidades em risco, permitindo-lhes tomar medidas preventivas.

Preparação e atenuação

Planeamento da utilização dos solos

Um planeamento inteligente da utilização dos solos pode reduzir o risco de inundações:

- **Gestão de planícies aluviais:** Restringir o desenvolvimento em áreas propensas a inundações e preservar as planícies aluviais naturais para acomodar o excesso de água durante as inundações.

- **Regulamentos de zonamento:** Aplicação de códigos de construção e regulamentos de zonamento que exigem que as estruturas sejam elevadas ou resistentes a inundações em áreas propensas a inundações.

Medidas estruturais

A construção de infra-estruturas resilientes pode atenuar os danos causados pelas inundações

- **Barreiras e diques contra inundações:** Construção de barreiras e diques ao longo dos rios e da costa para evitar que a água transborde para as zonas povoadas.

- **Gestão de águas pluviais:** Instalação de sistemas de drenagem, lagoas de retenção e infra-estruturas verdes para gerir as águas pluviais e reduzir as inundações urbanas.

Preparação da comunidade

Educar e preparar as comunidades para as inundações implica:

- **Planos de emergência:** Desenvolver e praticar planos de emergência para inundações, incluindo itinerários e procedimentos de evacuação.

- **Seguro contra inundações:** Incentivar os proprietários de casas e as empresas em zonas propensas a inundações a adquirir um seguro contra inundações para cobrir potenciais perdas.

- **Sensibilização do público:** Fornecer informações sobre os riscos de inundação, sinais de aviso e medidas de segurança através de campanhas educativas, reuniões comunitárias e meios de comunicação social.

Cooperação internacional

As inundações atravessam frequentemente as fronteiras nacionais, exigindo uma cooperação internacional para enfrentar os desafios comuns:

- **Partilha de dados:** Partilha de dados meteorológicos e hidrológicos entre países para melhorar a previsão de cheias e os sistemas de alerta precoce.
- **Reforço de capacidades:** Apoiar os países vulneráveis no reforço da sua capacidade de resistência às inundações através de assistência técnica, formação e mobilização de recursos.

Conclusão

As inundações são catástrofes naturais formidáveis com impactos de grande alcance nas comunidades, economias e ecossistemas. A compreensão das causas, tipos e impactos das inundações é essencial para melhorar os esforços de previsão, preparação e resposta. Através da implementação de estratégias de mitigação eficazes, do reforço dos sistemas de alerta precoce e da promoção de infra-estruturas resistentes e de práticas de utilização dos solos, podemos reduzir os efeitos devastadores das inundações e proteger as populações vulneráveis. Através da colaboração, da inovação e do envolvimento da comunidade, podemos construir sociedades mais resilientes, capazes de mitigar e de se adaptarem à força inundadora da natureza.

Capítulo 10: Terramotos: Forças imprevisíveis sob os nossos pés

Introdução aos sismos

Os sismos são abalos súbitos e violentos do solo causados pelo movimento das placas tectónicas sob a superfície da Terra. Estes fenómenos naturais estão entre as forças mais poderosas e imprevisíveis da natureza, capazes de causar destruição generalizada e perda de vidas. Compreender as causas, características e efeitos dos terramotos é crucial para mitigar o seu impacto e garantir a resiliência da comunidade.

Causas dos terramotos

Movimentos das placas tectónicas

A maioria dos sismos é causada pelo movimento das placas tectónicas ao longo de falhas na crosta terrestre. Existem três tipos principais de limites de placas onde ocorrem os sismos:

- **Limites divergentes:** As placas afastam-se umas das outras, criando tensões e pequenos sismos frequentes.
- **Limites convergentes:** As placas colidem ou movem-se uma em direção à outra, criando tensões de compressão e sismos poderosos.
- **Transformar os limites:** As placas deslizam horizontalmente umas sobre as outras, criando tensões de cisalhamento e causando terramotos.

Zonas de subducção

As zonas de subducção, onde uma placa tectónica é forçada a passar por baixo de outra, são locais de terramotos poderosos, conhecidos como terramotos de megatransformação. Estes terramotos são capazes de gerar tsunamis enormes devido à deslocação de grandes volumes de água.

Falhas

As falhas são fracturas na crosta terrestre onde as forças tectónicas fazem com que as rochas se movam umas em relação às outras. Os sismos ocorrem quando a tensão acumulada ao longo de uma falha é libertada subitamente, fazendo com que o solo trema.

Características dos sismos

Ondas sísmicas

Os sismos produzem ondas sísmicas que se propagam através da Terra de diferentes formas:

- **Ondas primárias (P):** As ondas sísmicas mais rápidas que comprimem e expandem o solo na direção da viagem.
- **Ondas secundárias (S):** Ondas mais lentas que movem o solo de um lado para o outro perpendicularmente à direção da viagem.
- **Ondas de superfície:** Ondas mais lentas que viajam ao longo da superfície da Terra e causam os maiores danos.

Magnitude e intensidade

- **Magnitude:** Mede a energia libertada na fonte do sismo, tipicamente quantificada utilizando a escala de Richter ou a escala de magnitude do momento (Mw).
- **Intensidade:** Mede os efeitos de um sismo em locais específicos, como a escala de Intensidade de Mercalli Modificada (MMI), que avalia a intensidade do abalo e os danos.

Efeitos dos terramotos

Tremor de terra

O principal efeito dos sismos é o abalo do solo, cuja intensidade pode variar em função da magnitude, profundidade e distância do epicentro do sismo. Os tremores de terra podem provocar o colapso de edifícios, pontes e infra-estruturas, causando vítimas e danos consideráveis.

Rutura de superfície

Os grandes sismos podem causar rupturas superficiais visíveis ao longo das falhas, deslocando o solo horizontal ou verticalmente. As rupturas superficiais podem danificar estradas, condutas e estruturas construídas ao longo das linhas de falha.

Tsunamis

Os terramotos com origem submarina, em particular nas zonas de subducção, podem desencadear tsunamis - grandes ondas oceânicas que se deslocam a grande velocidade através de grandes distâncias. Os tsunamis podem causar inundações e destruição generalizada da costa.

Deslizamentos de terra e avalanches

Os sismos podem desestabilizar encostas e provocar deslizamentos de terras, fluxos de detritos e quedas de rochas. Estes movimentos de massa podem soterrar casas, bloquear estradas e perturbar comunidades em regiões montanhosas.

Incêndio

Os sismos podem provocar rupturas nas condutas de gás, danificar as infra-estruturas eléctricas e provocar incêndios devido à rutura de condutas de gás ou a faíscas eléctricas. Os incêndios que se seguem aos sismos podem agravar os danos e complicar os esforços de salvamento e recuperação.

Terramotos notáveis

Grande terramoto no Chile (1960)

O Grande Terramoto do Chile, também conhecido como Terramoto de Valdivia, ocorreu em 22 de maio de 1960, no Chile. Com uma magnitude de 9,5, é o terramoto mais poderoso alguma vez registado. O terramoto causou destruição generalizada, tsunamis ao longo da costa chilena e em todo o Oceano Pacífico, e perdas significativas de vidas humanas.

Terramoto de Sumatra-Andamão (2004)

O terramoto de Sumatra-Andaman, ocorrido em 26 de dezembro de 2004, ao largo da costa ocidental do norte de Sumatra, na Indonésia, provocou um dos tsunamis mais mortíferos da história. Com uma magnitude de 9,1-9,3, o terramoto provocou enormes tsunamis que devastaram comunidades costeiras em todo o Oceano Índico, causando mais de 230 000 mortes em 14 países.

Terramoto e tsunami de Tohoku (2011)

O Terramoto de Tohoku, também conhecido como Grande Terramoto do Leste do Japão, atingiu a costa do Japão a 11 de março de 2011, com uma magnitude de 9,0. O terramoto desencadeou um poderoso tsunami que inundou o nordeste do Japão, causando destruição generalizada, a fusão da central nuclear de Fukushima Daiichi e cerca de 16 000 mortes.

Previsão e monitorização de sismos

Sismómetros

Os sismómetros são instrumentos utilizados para detetar e registar o movimento do solo causado por sismos. As redes de sismómetros fornecem dados em tempo real sobre a localização, magnitude e profundidade dos sismos, essenciais para a monitorização de sismos e sistemas de alerta precoce.

Redes sísmicas globais

As redes sísmicas globais, tais como a Rede Sismográfica Global (GSN), monitorizam a atividade sísmica em todo o mundo. Estas redes facilitam a colaboração internacional na investigação, monitorização e avaliação de riscos de sismos.

Sistemas de alerta precoce para sismos (EEWS)

Os sistemas de alerta precoce de terramotos utilizam dados sísmicos em tempo real para detetar terramotos e emitir alertas antes que os fortes abalos atinjam áreas povoadas. Os EEWS fornecem valiosos segundos a minutos de aviso, permitindo que indivíduos e organizações tomem medidas de proteção.

Preparação e atenuação

Códigos de construção e adaptação

A implementação e a aplicação de códigos e normas de construção resistentes a sismos podem mitigar os danos causados por sismos. As estratégias incluem a conceção de estruturas para resistir aos abalos do solo, o reforço das fundações e a adaptação dos edifícios mais antigos para melhorar o seu desempenho sísmico.

Planeamento da utilização dos solos

Os regulamentos de zonamento e o planeamento da utilização dos solos podem reduzir a exposição aos riscos sísmicos, evitando a construção em áreas de alto risco, tais como zonas de falhas ou declives instáveis. A preservação de espaços abertos e a implementação de recuos em relação a áreas perigosas podem aumentar a resiliência da comunidade.

Educação e formação do público

Educar as comunidades sobre os riscos de terramotos, a preparação e as medidas de resposta é essencial para reduzir as vulnerabilidades e promover a segurança. Os programas de formação, exercícios e esforços de divulgação ajudam os indivíduos e as organizações a desenvolver a prontidão e a resistência aos terramotos.

Colaboração internacional

Os sismos transcendem as fronteiras nacionais, necessitando de cooperação internacional na monitorização de sismos, investigação e resposta a catástrofes. Os esforços de colaboração incluem a partilha de dados, recursos e conhecimentos especializados para aumentar a resistência global aos sismos e a preparação para situações de emergência.

Conclusão

Os sismos são fenómenos naturais poderosos e imprevisíveis que representam riscos significativos para as comunidades em todo o mundo. Compreender as causas, características e efeitos dos terramotos é essencial para mitigar o seu impacto e proteger vidas e infra-estruturas. Ao investir na monitorização de sismos e em sistemas de alerta precoce, ao melhorar a resistência dos edifícios e ao promover a sensibilização e preparação do público, as sociedades podem reduzir as vulnerabilidades e aumentar a resistência às forças sísmicas da natureza. Através da investigação contínua, da inovação e da colaboração internacional, podemos continuar a fazer progredir a ciência dos sismos e os esforços de preparação para catástrofes, procurando alcançar comunidades mais seguras e mais resistentes.

Referências

Anderson N. H. (1971). Integration theory and attitude change. *Psychological Review,* 78(3), 171-206. 10.1037/h0030834

Asch S. E. (1946). Forming impressions of personality. *Journal of Abnormal and Social Psychology,* 41(3), 258-290. 10.1037/h0055756

Bhatia S. (2017). Julgamento associativo e semântica do espaço vetorial. *Psychological Review,* 124(1), 1-20. 10.1037/rev0000047

Caliskan A., Bryson J. J., Narayanan A. (2017). A semântica derivada automaticamente de corpora de linguagem contém vieses semelhantes aos humanos. *Science,* 356(6334), 183-186. 10.1126/science.aal4230

Cialdini R. B., Kallgren C. A., Reno R. R. (1991). A focus theory of normative conduct: A theoretical refinement and reevaluation of the role of norms in human behavior. *Advances in Experimental Social Psychology,* 24, 201-234. 10.1016/S0065-2601(08)60330-5

Cuddy A. J., Fiske S. T., Glick P. (2008). Calor e competência como dimensões universais da perceção social: O modelo de conteúdo estereotipado e o mapa BIAS. *Avanços em Psicologia Social Experimental,* 40, 61-149. 10.1016/S0065- 2601(07)00002-0

Dieckmann N. F., Slovic P., Peters E. M. (2009). The use of narrative evidence and explicit likelihood by decisionmakers varying in numeracy. *Risk Analysis,* 29(10), 1473-1488. 10.1111/j.1539-6924.2009.01279.x

Eisenman D. P., Cordasco K. M., Asch S., Golden J. F., Glik D. (2007). Planeamento de catástrofes e comunicação de riscos com comunidades vulneráveis: Lessons from Hurricane Katrina. *American Journal of Public Health, 97*(Suppl. 1), S109-S115. 10.2105/AJPH.2005.084335

Faul F., Erdfelder E., Buchner A., Lang A. G. (2009). Statistical power analyses using G* Power 3.1: Tests for correlation and regression analyses. *B ehavior Research Methods,* 41(4), 1149-1160. 10.3758/BRM.41.4.1149

Flusberg S. J., Matlock T., Thibodeau P. H. (2017). Metáforas para a guerra (ou corrida) contra as alterações climáticas. *Comunicação Ambiental,* 11(6), 769-783. 10.1080/17524032.2017.1289111

Flusberg S. J., Matlock T., Thibodeau P. H. (2018). Metáforas de guerra no discurso público. *Metáfora e Símbolo,* 33(1), 1-18. 10.1080/10926488.2018.1407992

Gentner D. (1983). Structure-mapping: Um quadro teórico para a analogia. *Cognitive Science,* 7(2), 155-170. 10.1207/s15516709cog0702_3

Gibbs R. W. (1994). *A poética da mente: Figurative thought, language, and understanding*. Cambridge University Press.

Glik D. C. (2007). Risk communication for public health emergencies (Comunicação de risco para emergências de saúde pública). *Revisão Anual de Saúde Pública,* 28, 33-54. 10.1146/annurev.publhealth.28.021406.144123

Hauser D. J., Schwarz N. (2015). A guerra contra a prevenção: As metáforas belicosas do cancro prejudicam (algumas) intenções de prevenção. *Boletim de Psicologia Social e da Personalidade*, 41, 66-77.

Hauser D. J., Schwarz N. (2016. a). As metáforas médicas são importantes: As experiências podem determinar o impacto das metáforas nas questões bioéticas. *A merican Journal of Bioethics*, 16, 18-19.

Hauser D. J., Schwarz N. (2016. b). Turkers atentos: Os participantes do MTurk têm melhor desempenho nas verificações de atenção on-line do que os participantes do pool de sujeitos. *Métodos de pesquisa comportamental*, 48, 400-407.

Hauser D. J., Nesse R. M., Schwarz N. (2017). Teorias leigas e metáforas de saúde e doença. Em Zedelius C., Muller B., Schooler J. W. (Eds.), *A ciência das teorias leigas: How beliefs shape our culture, cognition, and health* . (pp. 341-354). Springer.

Hauser D. J., Paolacci G., Chandler J. (2019). Preocupações comuns com o MTurk como um pool de participantes: Evidências e soluções. Em Kardes F. R., Herr P. M., Schwarz N. (Eds.), *Manual de métodos de pesquisa em psicologia do consumidor.* (pp. 319-337). Routledge.

Hauser D. J., Schwarz N. (2020). The war on prevention II: Battle metaphors undermine cancer treatment and prevention and do not increase vigilance, *Health Communication,* 1-7.

Hedges L. V., Vevea J. L. (1998). Modelos de efeitos fixos e aleatórios em meta-análise. *Psychological Methods,* 3(4), 486-504. 10.1037/1082-989X.3.4.486

Printed by Books on Demand GmbH, Norderstedt / Germany